羅霖 凍齡 美魔法

TIMELESS

CANDY LO

序 一

我和羅霖認識多年,她是我的契妹。很高興能為她的美容書寫序,作為一個從事美容行業至今踏入 54 年的從業者,我覺得羅霖在書中分享的經驗很多都值得大家參考的。

在我眼中、羅霖是個美麗和睿智的女人。在和她的相處中,我相信身邊的朋友都能感受到她的愛和美。早前,我們一起到以色列,整個旅程中她都非常照顧每個人,也經常毫不吝嗇地分享她的美容保養心得。她還是個很好的媽媽,儘管平日工作很忙,但她對三個孩子傾注了無限的愛。只要一有時間,她總是陪伴在孩子左右。對於公益事務她更是出心出力,每當我邀請她做義工時,她總是一口答應我。羅霖就像內外兼修的代名詞一樣,在她溫柔的語言中總能感受到陽光和善良。

我相信「美魔女」並不是一天煉成的,這都要靠堅持和努力。在追求美的路上,我想大家都一定會碰到不少挑戰,這有可能是時間上的挑戰,也有可能是自己惰性的挑戰,但我想把不倒翁精神送給大家,這就像對自己的鼓勵,時刻提醒自己永遠都不能被那些不好的事物打倒。

最後,我誠意為你們推薦這本關於美、盛載愛的書,相信大家都能從中了解美麗,愛上美麗。

契姐 鄭明明

序 二

我認識羅霖多年，當年我復出拍電視劇《真情》的時候，她飾演我的女兒，戲裏戲外我們也有着深厚的母女情，我看着她結婚、生子到回復單身，經歷人生的高低起跌。

我欣賞羅霖的外在美，更欣賞她的內在美，她與我一樣都是三個小朋友的媽媽，為了三個小朋友，她會奮不顧身保護及愛護他們，就算兒子已經長大，作為媽媽的羅霖，忙於工作之餘，亦很注重兒子的學業及品德的培養，是個不折不扣的好媽媽。

除此之外，羅霖內心有一股正能量，每當遇到挫折時，她會更加積極、勇敢面對，會以正面的態度處理，是個堅強又獨立的現代女性。

她做事十分認真，對自己要求也很高，2015 年我們再合作微電影《我們畢業了》，我也發覺她比以前成熟了很多，可能是單親家庭要兼顧各樣東西，成長令她今天更添內在美，祝願她的人生會愈走愈精彩。

序 三

羅霖從 1991 年當選亞洲小姐開始，戴上了「美麗」這個光環，贅在頭頂的這項金冠，令她從此平步青雲，也令她嚐到了人生苦辣，對於一個女孩而言，是不易走的一條路。作為朋友的我們，只能在夾道打氣，在路上偶然慰問一聲，看着她一步步走來，過了無數春夏秋冬，她對生活及工作的尊敬與專注、對人對事以樂觀心態出發，內心充滿愉悅，看待事情看待人生也充滿色彩！到了今天，依舊頑強地美麗，遇上猛風不低頭，這個朋友，真的了不起！

Michelle 米雪

最近，她為了出版新書努力操 FIT，吃得規矩，身材及臉孔出落得更型更標致，不過，我着實知道，這個女神心裏面一直有一道不倒的情操植根在血液裏，要比她的外表更更美麗，更更快樂！羅霖，你是我的偶像！

序 四

「美魔女」是人們對保養得宜女人稱讚的寶號，但我看 Candy 已經跨越了她的外在，她美不美魔其實對我們之間的友誼和感情毫不重要，我看她，會看到她是一個在生命中不斷有試煉的人，工作上偶有性感的一面，但內裏是一個盡力的母親。這女人經歷過很多人生掙扎，經歷了很多苦撐的日子，走過很多表面風光的年頭，雖然痛苦雖然崎嶇，我深深希望她能夠在當中學習到一些，甚至改變到一些，因為我深信人經歷逆境的意義，是成長、是改變。

Sammi 鄭秀文

我認識的 Candy，是一個善良的人（不過超級美！哈哈！），她亦絕對不是事業女強人型，但為了三個兒子，她在人生中某個路口忽然有種豁出去的感覺。但我深深明白這種奮不顧身的豁出去，是因為環境有時由不得我們守在原地，做往日的自己，而更新自己亦是唯一的出路。Candy 今次再次出版新書，我寫這序時仍未看到，但我唯望透過我的文字給她一些支持。

最後，我衷心希望 Candy 能夠在各式試煉之中看到美意，在各種工作範疇裏都能發揮自己所長，更衷心希望她會在天父的愛和帶領中前行生命。

美魔女，愛你，加油！

自序
美麗有為

經常有朋友問我關於打扮、護膚、保養的心得,雖然已盡量解答,但是總是覺得會掛一漏萬,倒不如認真思考整理一下,將自己僅有的知識與大家分享,於是萌起了出版新書的念頭,那便可以接觸到更多對這課題有興趣的人。

可是,要白紙黑字地記錄,就不能像以前那樣隨意地發表。相反,書中所寫的內容都要有憑有據,就好像一個老師,無形中產生了一種使命感,覺得既然集結了這麼多人的心力才得出版這本書,希望這本書可發揮作用,為這社會帶來一點點貢獻。因此,除了公開一些累積多年的美容經驗、全方位的保養心得(養生、減肥、護膚),解開大家對「凍齡要在成熟後」的謬誤,亦着力散播正能量。

自小便覺得家庭教育很重要,記得媽媽總教導我要做一個真誠的人,不計較利益、不怕吃虧,自己多做一點,盡量多為他人着想,凡事皆可問心無愧。因此,在人生路上,我一直秉持「做到最好、不忘初心」的態度,積極把握機會,盡可能在有限人生堅毅向前。

畢竟在人生的旅程上,我們在每一個階段都會遇上困難及挫折,例如學業、婚姻、感情、家庭……希望藉着分享我的一些人生經歷,鼓勵大家一起尋找跨過難關的好方法,讓我們更加成熟地去處理每一件事。

凡事感恩,人生才會滿足,生活才會快樂。命運天注定,記住不要怨,明天定會更勝今天。擁有多少金錢和物質不重要,這些皆非永恆,唯有智慧才是真真正正屬於你,沒有人可以將它奪去,所以我們要在有限的生命裏,盡量努力,不斷增值自己,與時並進。

劉子晉
Jonathan Lau

" Everything you need to accomplish your goals is already in you. "

劉子熙
Jordan Lau

" Difficult roads often lead to beautiful destinations. When you hit rock bottom in life, the only way is up. "

劉子榕
Nathan Lau

" Sometimes it takes an overwhelming breakdown to have an undeniable breakthrough. A little progress each day adds up to big results. "

Creamy
棉花糖

羅媽媽

66 經歷過風吹雨打後，你的身心都傷痕累累，但當你筋骨勞了、體膚也餓了之後，就會變得更加堅毅，你只需耐心等待雨後的陽光，灑在你的臉上趕走蒼白，帶領你繼續邁步向前！ 99

幾年前，我出版過一本寫真集，名為《Timeless》，當時想帶出的訊息是「目標、夢想、堅持是沒時限的」。而今次這本書我希望是進階版，除了「沒時限」，更加是「無極限」。

我認識一個學識淵博的牧師，他常說：「要做一個有為的人。」在我的理解，「為」是有行動性的，即做人必須要做出些事，有一顆堅持理想目標的心固然重要，但更不可無的是行動性。「敢為才有所為」，勇敢去做，無懼無囿年齡限制，無論年輕人、熟齡人，都可「有為」地創造無極限的可能性。

今年，我也為自己定下出版書這個目標，幾個月來兼顧着各方面的籌備工作，亦希望書中的影像拍攝能有所突破，過程中不無挑戰及困難，在此我要衷心感謝《羅霖凍齡美魔法》所有的贊助商，還有幫助我的天使朋友們。有了你們的參與和支持，這本書才能順利面世。感謝萬里機構給我這個機會，可以和讀者朋友分享保養心得，傳達正面心態。在以上所有人有愛無私的支持下，我克服一個個難關，一步步向前迎接書本的誕生。

現在就讓我將這一份厚厚的心意進一步傳播，將小天使們的愛心散發出去，也藉此在這個階段給自己作一個回顧。驀然回首，一幕幕親情、愛情、友情記憶，對我來說都非常重要。作為一個單親媽媽，照顧三個兒子是非常艱難、不容易的，除了要對孩子付出無限的愛、包容和忍耐，還要面對工作和生活上的種種壓力。感謝上帝一路帶領，家人和朋友的支持和付出的愛，才能使我一直堅持下去。

雖然曾經跌倒，但我仍然相信愛情，祝願大家都可以在對的時間遇到對的另一半，兩人攜手共渡幸福人生。就讓一切往事作為前鑑，鼓勵自己向前望，陪伴讀者抱持正能量向目標前進，最後寄望世界充滿美事。

目錄

極速減肥 ‧ 健康食療

動起來 ‧ 制訂運動日程

身材保養 ‧ 愈做愈美機

後記

鳴謝

正面心態．減壓紓緩

一直都說，美麗要內外兼備，美容、養生兩者缺一不可，然而，「內」除了養生，利用食療強化身體各器官機能，內心的感受也絕對不能忽略，它的重要性甚至比美顏養生更重要呢！

有 健 康 才 有 可 能

香港都市生活緊張，奔忙之中往往耗盡心力，為了完成任務，工作如是，學業、家務亦然，在連番折騰下，可能搞壞了身體也不自知，是時候停下來感受一下自己的身體，哪裏感不適了，就要立即求醫。

胡定欣

66 保持謙卑，不要只專注在自己身上，多關心身邊的人，為別人着想！還有多做運動，令身體和心靈都變得更健康！ 99

我相信病向淺中醫，所以我每一年都會做詳細的身體檢查，了解自己的健康狀況，尤其是三高的問題。我一向嗜甜，雪糕、蛋糕、糖水……自小到大，無甜不歡。結果三年前那次體檢報告，就給我發出了第一次健康警報——糖尿指數瀕臨危險邊緣！「由現在開始，你將自己所攝取的糖分減半，一個月後再來。」醫生朋友鄭重地告訴我。

於是我乖乖聽話，照足去做，過了一個月再去，看着糖尿指數回落正常水平，我鬆了一口氣。「由你的餐單去控制，照現在的分量去調節，保持着這個『靚數字』，那你就不用服藥之餘，又可以享受美食。」醫生朋友再次叮囑我。當然，我會按照醫生的指示去做，因為我身邊就有一個反面教材。我的一位朋友，和我同時檢查到糖尿指數偏高，但她沒有聽醫生話減半甜食，現在她除了要長期服藥，面對甜食更是碰也不能碰，真是得不償失。

沒有事是不可能，但沒有了健康，很多可能都會變成不可能。「休息是為了走更遠的路」，這句話說得沒錯，停下來感受一下自己的身體，正視它，定期做身體檢查，然後盡早對症保養修正。那麼，一個強壯健康的身體就可以陪你走到最後。

陳煒

66 *快樂不是做出來的結果，而是積極面對人生的生活態度。* 99

心 累 了 先 放 下

生活的壓力，不但拖垮了你的身體，有時也會累壞你的心。為甚麼會有壓力？有時是從工作而來，有時是從人與人之間的關係而來，有時甚至只是來自於你的胡思亂想，凡此種種都擾亂着你的心緒，令你抑鬱，積成心病。

近年，我經常看到有人輕生自殺的新聞，當中最令人擔心的是小學生自殺的人數持續上升，到底這個社會出現了甚麼問題，令本來應是無憂無慮的孩子也失去求生意志？

其實，我覺得要疏導彌漫在社會上的這股負面情緒，要由成人做起。身教很重要，成人們在遇上情緒問題，轉工、生 BB、結婚、離婚、搬屋等等，過程總是未能盡如人意，成人們往往都會選擇忍耐，忍着忍着，負面情緒就來了，當情緒的不穩定變本加厲，就可能會影響到身邊的人，尤其是小朋友。所以，作為一個熟齡人士，我們要給小朋友做個好榜樣，關注自己的情緒變化，心病了要盡快醫，心累了就先放下，不要害怕示弱，要正視問題，千萬不要傻到放棄自己。

梅小青

> 說好話、做好事、存好心，心慈則貌美；懂得珍惜，用心感受，意切情真，將不可能變成可能！

憶起以前和孩子去迪士尼的時光，那時的我很開心，陪着孩子大笑，一切煩惱都恍如突然消失了。我想，那時的我是投入了童話世界，重拾童真，為甚麼小朋友那麼容易開心？因為他們的想法很簡單。所以我現在也將自己的思維簡單化，將複雜事情簡化，放下執念，感覺真的輕鬆了不少呢！

釋放壓力

減壓，其實有很多方法，有些人會選擇向人傾訴，而傾訴的對象有時是父母，有時是最好的朋友，總之將心中鬱悶說出來就會覺得舒服。當然傾訴不是單向的，而是互相的，有時都要聽別人訴苦，那麼就可以彼此培養感情，人際關係良好，心情自然也會好起來。

✦ 宗教

對於我來說，宗教信仰是很好的抒解方法，當你需要一個缺口將壓力或者不快釋放，但卻苦無傾訴對象時，就可以透過宗教，例如我是基督徒，那就可以透過祈禱與神傾訴，不限甚麼宗教方法，總之可以令自己心境平靜的就是好方法。

謝雪心

❝ *隨緣就是悠閒，放下就是自在，寬恕就是包容，感恩就是惜福！這四種補品，每天都要吃，保證快樂又幸福！* ❞

✦ 旅行

我喜歡一邊聽音樂，一邊看書，暫時放下緊張的工作，感覺很寧靜，又可以吸收新知識。如果有幾天假期，我有時會去一趟旅行，或者和兒子到郊外散步，出外走走呼吸新鮮空氣。環境的轉換亦可以更新心情，令你出現新想法。所以，我也常常鼓勵長期擔當全職家庭主婦的媽媽多些出去逛逛，不要將生活永遠聚焦於做家務、爸爸的起居飲食，還有子女身上，我希望她可以參與自己的朋友圈子，不要將自己困在家，這不會開心的。

胡美儀　　演藝 / 心理輔導工作者

❝ 不用疑惑，只管去做正能量的事，更新過去一切也放鬆。❞

✦ 美食美酒

舌尖上的享受，美食刺激味蕾之餘，一飽口福也是減壓良方，
正如有人喜歡以購物來紓壓，兩者都是可以得到即時的滿足
感，令快樂指數直線上升。至於美酒，我則推薦臨睡前喝點紅
酒，可令你放鬆，更容易入睡。當然，紅酒有便宜的也有昂貴
的，但紅酒並非愈貴愈好，最重要是適合個人口味，例如我就
喜歡 fruity 的，貪它易入口。

周家蔚

66 *You are braver than you believe, stronger than you seem, smarter than you think, more humble than you act, and loved more than you'll ever know.* 99

✦ 運動與唱歌

大家都知道，做運動時腦部會分泌一種稱為快樂荷爾蒙的「安多酚」（Endorphin），所以做運動可產生歡愉、開心及輕鬆感覺，很多醫生都會建議情緒病患者多做運動呢！但有一種非常有效的運動，或許大家並不知道吧！那就是唱歌！

不久前，我看到一篇文章，文中提到原來唱歌是非常好的減壓方法，帶氧運動出一身汗可以改善身體外在的線條，那麼內部機能或者內臟狀態如何改善，就要靠唱歌了。唱歌亦和其他運動一樣會令你分泌很多開心的荷爾蒙，當你懂得運用丹田，不但可以加強你的肺能量，更令到身體內部機能年輕 8 至 10 年。而且唱歌要記歌詞，又可以順便訓練記憶力！唱歌是隨時隨地都可以做的活動，大家不妨多多實行，即使是短短的沐浴時間也不要錯過呀！

張慧儀

66 我相信，無論順境、逆境，只要擁有勇氣、付出努力、充滿自信，必然可以克服生活中所有的「不可」！99

✦ 按摩

按摩對鬆弛神經很有效，我曾試過不同種類的按摩服務，當中有一種比較特別的想和大家分享。當你舒適地躺好，按摩師會為你戴上眼罩，眼罩裏面有一種光可令眼睛的疲勞得到紓緩，最放鬆的是邊做按摩邊聽音樂，可以鬆弛神經，有時會舒服到睡着呢。

還有一種我很喜歡的按摩方法，是以溫熱的草球代替按摩技師的雙手，進行物理性的治療，令繃緊的肌肉紓緩下來，也可以減輕一些痛症，而且還有安眠的作用，可以甜睡一晚。

✦ 寵物

我家中養了一隻狗仔，牠永遠帶給我快樂，當我一回家，
即使我的三個兒子也不會出門迎接，但牠每次都會迎接
我。當我睡不着時，看到牠在我床邊的狗窩，打着鼻鼾
酣睡，我便不禁會心微笑。有時心中有煩悶，一看到牠
的可愛樣子，我的心情也會隨之變好。因此，如果家居
空間足夠，而自己的經濟能力及時間又許可的話，養寵
物絕對可以令心情變好，令你的情緒得到調適。

可以減壓的方法實在太多，不能盡錄。不過，還是要看個人興趣，配合你的能力選擇適合自己的方式，才能達到效果。總之，謹記過猶不及，凡事適可而止，量力而為，不要強求，樂得自在。

轉負為正

當人生遇上挫折，不要放棄，想想如何解決，說不定可以轉負為正。

有些人將感情看得很重要，失去了另一半就好像天塌下來一樣，失戀甚至會萌生自殺念頭，其實我們人生的道路很長，途中會遇到不同的伴侶。雖然這一刻很難受，但時間可以沖淡一切。在這一段時間，盡量安排工作或者其他活動，令自己不要墮入胡思亂想的死胡同，尤其是千萬不要放棄打扮自己，逃避見人，反而更加要增值自己，以將來找到更好的另一半為目標，男女都是一樣。

袁文傑

66 「堅持」並非是一個掛在嘴邊的口號！若你認定是對的事，那管要花很長或甚至更長的時間，只要用心經營體會，必會有所得着，必會得到認同，人們只會尊重根基穩固的人與事物！ 99

轉負為正的想法也可以應用在學業上，當你已經盡力讀書溫習，但仍然未能取得理想成績，那麼就可以了解到自己的專長不在讀書，日後可利用更多時間去發掘自己學業以外的才能，甚至認清自己的興趣，或性格特質去展開你的人生。沒有特長，也可利用性格上的親和力、堅持力、專注力去取得成就，畢竟社會裏職場上需要的不只是學霸，還需要形形色色的人去履行各種各樣的工作崗位，不要因為學業成績差就否定自己，埋沒自己的其他天賦。

康華

❝ 每個人總在為自己拼出一片天，為前途、為事業、為家庭、為所愛的人，甚至為美麗，都值得拼出一片天。❞

其實，很多的負能量都是來自你的不滿足，而
不滿足的心態源自於比較。比較令人產生很多
心理上的不平衡。若要活得自在正面，首先要
摒除比較，樂於安天命，大家都知道很多東西
都是注定的，但如何在注定之中將自己的生命
活到最好之餘，還可以去幫助其他人，有錢出
錢，沒錢也可以出力，而這些都是可以得到快
樂的，所以我也常常去做義工幫助長者和小孩，
也鼓勵身邊的人在自己能力之內將所擁有的與
人分享，這種甜蜜的付出是可有回報的，不是
物質的，而且是心靈上正能量的回饋。

衣著禮儀 · 內涵修養

正如孔子所說：「吾十又五而致於學，三十而立，四十而不惑，五十而知天命，六十而耳順，七十而從心所欲不踰矩。」在每一個階段，我們會有不同的感悟，只要表現自信，也會散發不同年齡層的美態，尤其是熟齡人士，他們經過歲月的沉澱，經驗知識累積滲入心扉，早已化為修養、內涵，繼而向外散發，便成一種儀容氣度，這可是化妝修身護膚也求不來的。

SINGIN'

Fashion muse Choupette Lagerfeld recently taken the stage at a Parisian jazz club. With husky vocals...

ON GIRL'S HEAD

Get an insight into the inner workings of the king of fashion Karl Lagerfeld, and find the answers to your burning philosophical questions. Multipurpose Karl's can traverse the great universal themes of spirituality, existence, youth, sexuality and sweat pants.

ON SPIRITUALITY
"Spitefulness is exciting. It's spiritual. If it's great, it's unforgivable."

ON YOUTH
"When you're young always a bit of anxiety saves us is that we... later." "Youth is a which every day... included one day..."

ON BEAUTY
"Life isn't a beauty... intelligence and beauty are sexy..."

SAT 10 | 4

COOL SNAP
...the chill in this season's must-have: the *Renate* biker jacket.

IT'S IN BAG?

...ng, Barbara Palvin, ...ld's much-
...Klub.

...sunglasses

...you keep in
...filters just in case I
...ways have an extra pair

...ook for when choosing a new bag?
...g needs to be your best friend, so I need it to be versatile.

If you were a bag, what style would you be?
A backpack because I travel so much and it's practical!

注 重 儀 容 是 一 種 基 本 禮 貌

當兩個人相識，留下第一個印象是甚麼，靠的是你的衣著儀容，不管你如何強調「內涵最重要」，但漠視場合、不修邊幅的打扮，可能已令對方在心中對你打了一個大交叉。

其實，衣著、行為便是你內涵表現的第一層，可以表達你的想法、修養、專業。在適當時候或場合穿著打扮得宜，既可避免尷尬狀況發生，更是一種懂得尊重的表現，尤其是出席工作會議和宴會，何時正裝、何時休閒、何時專業、何時性感……都要預先準備，有些宴會更設主題，需要各位來賓配合 Dress Code，這在收到請柬時要特別留意。

總之，不要忘記 —— YOU ARE WHAT YOU WEAR，你穿甚麼，便是甚麼。

張文慈

66 *你今天的努力，不是為了讓別人覺得你了不起，而是為了讓自己看得起自己！相信自己！有夢想就會有奇蹟！* 99

Dress Code 小 Tips

不同場合有不同的 dress code，記得要配搭合適的衣著打扮，尊重場合。

White Tie

穿著最正式的服裝

- ♕ 男士穿黑色燕尾服配白色領結及馬甲等
- ♛ 女士穿長款的晚禮服、拖尾舞會長裙，梳上高貴大方的髮髻，配戴首飾

  高衣領可不用佩戴頸鏈，只戴耳環、戒指等；V 領可配戴耳環、頸鏈，長頸鏈不要配襯長耳環，切忌太累贅

** 金色 / 銀色的高跟鞋或手袋是最百搭的配襯！

關志康

❝ 最好的工作，就是能夠做自己真心喜歡的事。有些人努力做自己喜歡的事，所以有成績。其實，有更多人因為先努力，有點成績後，就漸漸喜歡上自己的工作。

為金錢工作，容易疲倦；為理想工作，不易疲倦；為興趣工作，不會疲倦。❞

Black Tie

穿著半正式服裝

- ♛ 男士穿黑色不帶燕尾的正式外套
- ♛ 女士穿長款的晚禮服,裙襬有小拖尾,
  但不要太誇張,穿著要高貴大方

Long Suit

穿著穩重斯文服裝

- ♛ 女士可穿行政人員套裝、連身短
  裙或及膝裙、西裝褸加裙等

Smart Casual

穿著時尚服裝

♕ 女士可穿著有型衣飾，例如皮褸、短裙、
　長靴、連身裙、恤衫加及膝長裙等。

穿著適當的服裝，就像在提醒着你應有哪些
適當的行為，這是一個「套餐」，你點了莊
重高貴的懷石料理，就要一小口一小口慢慢
吃；若你點的是啤酒炸雞餐，不妨放下拘束，
盡歡大嚼。

餐桌禮儀：
吃西餐要注意的小細節

▶ 首先將餐巾對
摺放在膝頭。

◀ 吃頭盤沙律，一定是配香檳。頭盤有時是沙律，有時可能是魚，通常也都是配香檳。

▶ 吃完頭盤，有兩個方式可提示侍應來收餐具，一是將刀叉並攏斜放碟中，另一個方式是將刀叉交叉擺在碟上。

▲ 刀叉放在兩側，使用次序是由外到內，甜品餐具則放在上方。每吃一道菜就取兩側最外的餐具，每吃完一道菜，侍應會收走該道菜的餐具。

▲ 西餐由麵包和湯開始。麵包撕一小塊，然後塗牛油，一小塊一小塊優雅地吃，一口一塊。而不是切開兩邊塗牛油，再整個拿上來用口咬。

▲ 喝完湯，湯匙橫放湯碗上端，提示侍應可以收走。

▲ 舀湯時湯匙向外，也是一小口一小口的。當剩下一點點湯的話，將湯碗一邊輕輕拎起形成傾斜角度，會較容易舀。

▲ 吃魚或海鮮，要用專門的餐刀。

▶ 白配白，海鮮通常配白酒。白酒
酸度較高，可降低海鮮腥味之餘，
亦有助提鮮，令食物更鮮美。如蝦
配搭了紅酒，可能會吃到金屬味。

▲ 紅配紅，紅肉如牛扒、羊扒通常跟紅酒。紅酒與紅肉在口腔碰撞後，單寧會通過唾液滲透進肉類中起到去膩的作用，同時它還能令紅肉口感更好。相反，肉類中的脂肪和蛋白質會弱化葡萄酒的乾澀，使果味更突出。

▲ 切肉類要順着紋路去切，會較容易切開。

▼ 切成一小塊一小塊的，進食時不用張大口，比較有儀態。

▶ 到吃甜品了，侍應會將餐具放在兩側。吃完後記得將餐具放好，方法與吃前菜時一樣。

◀ 吃完美味的一餐，抹嘴時
不要用力擦，而是輕輕地用
餐巾印一印，就可以了。

搭飛機打扮、禮儀小 Tips

在飛機上既要保持儀態又要舒適，不要破壞商務或旅遊的心情！

護膚 / 妝容

保濕——飛機上很乾燥，要搽滋潤的護膚品；長途機上，機倉關燈後可敷面膜，若未關燈就不要敷了，這樣很不雅，可選擇搽 overnight mask，落機前抹去，再搽護膚品。

化妝——短途機：可先化淡妝；長途機：落機前 2-3 小時才化上淡妝，建議上機前不要化妝，因為會堵塞毛孔。

妝容——持久不易脫落的秘訣：切忌在面上噴保濕噴霧，因會令皮膚更乾，令妝容龜裂；化妝幾小時後面部出油，可用吸油紙包住粉撲吸油後再補妝，這樣妝容就可維持 20-30 小時了。

阮兆祥

❝ 想了很久，最後決定為羅霖譜了新的歌詞，作為一份小禮物。

曲：超人的主題曲
羅霖唯一的秘密／鍾意唔着襪／最愛朋友／性格真實／成對脚直不甩⋯⋯

有時候男士為博紅顏一笑，真的無所不用其極⋯⋯祝你繼續美麗、健康、幸福！新書大賣！ ❞

👑 衣著打扮

- 忌穿緊身牛仔褲，建議穿長裙，或富彈性的 Legging；上衣可穿彈性、鬆身、棉質等柔軟舒適的衣物。
- 洋蔥式穿搭：不要穿厚的「過頭笠」衣服，不便脫下。冬天可穿衛衣加外套，不建議穿毛衣，因或會令皮膚痕癢不適。
- 不要穿太緊的鞋，避免因久坐以致雙腳水腫而穿不上鞋子。

曾廣賡　　Singing Square 創辦人及總監

請記得發夢　定能飛
高與低　得與失之間　無法準備
你是你本身的傳奇　前路裡振翅再高飛
即使不完美　只需經歷你自己
《你是你本身的傳奇》

 禮儀

- 有需要請空姐提供服務時，如非急緊情況，不要在座位上呼叫或揮手示意，最好是按服務燈號後，待空姐前來提供服務。
- 切忌大聲說話，影響其他乘客。
- 在派餐前去洗手間可避免排長龍。
- 上機前過安檢後可先買樽裝水，在機上隨時飲用。
- 如長途機上不能平躺休息，可用小枕頭或用毛毯墊在腰後，避免因久坐而腰痠骨痛。
- 飛機上較冷，可穿上襪子，脫鞋休息時既可保暖又不失儀態。
- 高空的空氣壓力問題，會令肚子谷氣，可帶備藥油，下機後可邊輕按肚邊搽藥油紓緩。

寇鴻萍

❝ 開心面對每一天的人和事，將別人的優點放大，缺點縮小，每件事都向好方面去想，記着方法總比問題多，開心快樂的過每一天！❞

品味從知識開始

我覺得無論活到人生哪一個階段都要與時並進，每一個階段都要增值自己。有些朋友會質疑：「都已經是一個媽媽了，還學習甚麼？」時代不同了，不學習，那如何與下一代溝通？如何繼續在工作取得成功感？如何與你的另一半共步？所以一定要與時並進，從基本做起，多留意新聞，關心社會發生的事。即使你嫁了有錢丈夫不用工作，這些資訊在跟丈夫去應酬時也絕對可以派上用場，起碼令人感覺你的腦袋並非空空如也，也是有點「料」的。

內在有「料」走出來自然會有自信，那麼自信從何而來？有些人說是金錢，但我覺得是智慧。有了智慧，便令人感覺有修養有內涵，可是修養內涵需要長時間浸淫，記得曾讀過宋朝黃堅庭的一句話：「三日不讀書，則言語乏味，面目可憎。」可見，修養需要持續經營。

樂蓓

66 做人總要向前看，就如聖經的說話：
忘記背後，努力面前，向着標桿直跑！
99

現今社會生活如此緊張，可以抽時間靜下來讀一讀書，是很幸福的事。我喜歡看書，畢竟那是一些有知識有學問的作家在累積無數豐富經驗後所作出的總結和分享，等於是一粒濃縮的特效藥，讓我們集中地學習和吸收養分，繼而化為智慧。或許，有些人不喜歡看書，我們可以將「讀書」兩字換成「學習」。現在資訊很多，大家都有智能電話在手，隨時隨地皆可上網瀏覽，搜集任何你想看的、聽的、讀的，這些都可以是學習、吸收知識的途徑。

學習的世界是無止境、無邊際的，即使不看書、不上網、不聽新聞，也可以從與你相處的人身上去學習，尤其是一些熟齡人士，他們的經歷很多，沉澱錘煉下才形成今日的樣子，在知識修養、待人接物、舉止氣度都有值得新一代學習的地方。

王玉環

66 成功路上絕不擠擁
因為放棄的比堅持的多
想過普通的生活
就會遇到一段挫折
想過最好的生活
就要面對最難的挑戰
任何值得去的地方
都沒有捷徑
真正的強者
都是含着淚依然奔跑的人 99

自 我 挑 戰 的 修 行

除了學習增值自己，我每年也會給自己訂下目標，然後到了年底再檢討一下，看看是否達成，利用目標推着自己不斷向前。我今年的大目標就是寫書，寫一本有別於寫真集的書。當目標訂下了，便一步一步地去進行及執行。當投入其中時，才發現寫書比我想像中困難很多，真的可用嘔心瀝血來形容，單是拍攝已用了差不多半年，與只需拍攝兩三天的寫真集是兩碼子的事。

過程中，我作為一個中心點與不同相關單位溝通合作，雖然繁忙，且偶有小麻煩出現，但每解決一個問題，心中都會出現一種「又向目標邁進一步」的小確幸感覺。就這樣，事情算是順利地進展。於是，我又給自己一個更大的挑戰——水底拍攝。這對不懂游泳的我來說，確是一大突破。因為知道這次負責攝影的 Daniel 是這方面的專家，我怎可錯過這個黃金機會呢？由落實增加水底拍攝的環節開始，我便每天在家中練習水中閉氣，希望以最佳狀況應戰。

那天，我們連同工作人員，還有潛水教練，一行二十多人來到西貢一個郊外的地方。一去到現場，發現泳池只有一米多，有些需要站着做的動作就變得不可行，雙腳不能沉到底，攝影師立即變陣，找來一塊鉛綁在我腳上，令我下半身墜下沉到底。

陳庭欣

❝ 人人都追求「安穩」生活，但真的存在嗎？時刻警惕和裝備自己是必須的。嘗試勇敢走出自己的 comfort zone，你就會明白自己的圈子是多麼的渺小。❞

請容我再強調一次：真是一個高難度的大挑戰。我雖已在家裏盡力練習水中閉氣，但只可以持續四十幾秒。到了現場，在教練的指導下，雖然進步了，可以連續閉氣一分鐘多，但拍攝時要在水底睜眼，由於家中的水與泳池加有氯氣的水不同，睜眼的動作遇上困難了。再加上拍攝時要保持優美儀態，有時衣服和頭髮會遮住我的臉，將它們撥開時也要是優雅的動態。因此，一開始的幾個小時，都拍不到滿意的畫面，但攝影師沒有放棄，繼續與教練配合，為我提供意見及指引。終於在最後的一個小時，我可以睜開眼優美地做動作，而且成功閉氣長達兩分鐘，破了我人生的紀錄。

如果我沒有訂下寫書的目標，就沒有機會給自己接受這個高難度挑戰，讓自己有進步的機會。這件事亦令我體悟到，遇上困難不要放棄、鑽牛角尖，有時感覺力有不逮了，那就聽聽身邊有經驗人士的專業意見，問題也會迎刃而解。千萬不要將自己逼得太緊，沒有人要求所有事都要獨力撐，溝通、合作也是很重要的。

李安妮　馬伯樂酒業集團董事長／《晴報》專欄作家

❝ 看電視總有一句：「本故事純屬虛構」。現今的人常嫌棄電視劇荒誕無聊，但其實虛構是要在一定的邏輯下進行，而真實生活往往毫無邏輯可言，比電視劇來得更荒誕，而娛樂圈的荒誕更總是令人嘩然。而你卻是藝人中少有的堅持走在正確的邏輯軌道上，所以總是走得比別人艱辛和崎嶇，你的正面善良和勇敢教人如何不憐愛，「支持你」只是最基本的尊重！加油！共勉之…… ❞

自拍絕招四式

現在社交網絡平台發達，大家都喜歡上載美照「呃 like」，不想修圖修得太厲害被嘲為「照騙」，我從攝影師朋友偷師，學到四個自拍秘訣，都可以達到修形美容效果！

1 一般人自拍全身照，鏡頭習慣放在與自己視線平衡的水平線，這樣拍出來身形會變矮；而將鏡頭放在與自己腰部平衡，再慢慢向上「pan」，那麼相中人的腳就會慢慢被拉長，整個人顯得高䠷。

2

自拍時，不要將頭向後縮，否則從側面看，會見到雙下巴。其實，影大頭的自拍要將自己的頭稍稍伸前，這樣，無論從前面看或從側面看，都會尖很多。

✗

頸向後縮，見到頸紋和雙下巴。

✓

頭部稍向前伸，下巴變尖。

3 很多人拍照都很關心頸紋的問題，當想側身自拍三七面，頭需要向後扭時，頸部就會出現一些紋，這時我們就要將膞頭向下拉垂，利用物理學去拉緊皮膚，解決頸紋問題。

4 自拍時最忌正面拍，這樣臉部會顯得最闊最胖。將臉部側側地扭至三七面，這是女孩子最漂亮的角度，然後利用鏡頭適度地「高炒」，這樣「jaw line」（下巴輪廓）就會明顯顯現出來，在鏡頭的角度下看就是最美的，整張臉自拍起來也會薄一點。

 正面，顯胖。

✓ 三七面，顯出下巴面頰線條，顯瘦。

妝容得宜　‧　整潔待人

妝容與衣著是相輔相成的，兩者結合得宜，可以塑造形象，加強別人對你的印象。當然，修容、美顏非常重要，但對於初初學化妝的人來說，我建議還是以簡潔整齊為要，到化妝技術達到某一個程度時，才慢慢轉化出有個人特色的妝容風格。

完 美 妝 容

如果要化一個簡單的全妝，我會先搽隔離霜，既可以護膚，令妝容持久貼服，又令打底液（Foundation）更容易推開。第二步就是搽打底液，首先我會用海綿輕輕推開，再用手撥一撥，因為海綿可能會推得不夠均勻，所以要再用手指輔助。

第三個步驟是遮瑕,有些人會以為遮瑕用愈厚的粉愈好。其實不是,而且現在也不流行厚妝。妝厚並不代表可以遮斑、遮暗瘡印,反而妝厚笑起來會有較多細紋出現。所以我們打完濕粉底後就要用遮瑕膏(Concealer),將臉上任何斑類一點一點地遮蓋。然後再進行撲乾粉的步驟,但如果你覺得還是會看到那些斑,就用乾粉餅(two way cake)再搽一搽,那整個妝容就完美了。

美麗小法寶

✦ 隔離霜

化妝前一定要搽隔離霜，阻擋液體化妝品滲到你皮膚去，而且可以令妝容更持久貼服。隔離霜有兩種，一種較厚，遮瑕度較高，拍劇、出鏡、參與活動時適用；另一種較薄，較清爽，適合平時外出或者日常生活中使用。

✦ 粉撲

粉撲我會選用洞洞細小的，因為洞洞太大的話，很多粉都撲不到臉上，那就會浪費了化妝品，現在的化妝品可不便宜，我們要懂得精打細算。這個 Fancl 的粉撲，我找了很久才找到的，它很綿密，每次只需要少少粉底就可以搽好整張臉。

✦ 眉筆

當我們將頭髮漂淺色了，但眉毛還是深色的，有些人會索性將眉毛也染了，我以前也這樣做過。但不好處是眉毛生長得較快，很快就會出現淺色和黑色眉毛共處的奇怪場面，所以不如索性不要染，於畫眉後就用眉筆將眉畫淺一點。眉筆有很多顏色，配合你的髮色便可，那看起來整體就會較舒服。眉毛較長或者稍微凌亂的話，可以搽眉 Gel 令眉毛看起來更貼服。

✦ 植睫毛

植了眼睫毛化妝就不需要搽睫毛液，方便多了。但我想提醒讀者如果植了眼睫毛最好就不要化妝，如果化妝，那你植的眼睫毛大概只可維持一個星期，如果不化妝就可以維持兩個星期。我覺得去旅行時最適合植眼睫毛，因為通常去旅行都不化妝，想快點出去玩，又可以在游水後保持靚樣。

✦ 眼 影

我想推介給大家的眼影，通常以啡色系為主，因為東方人皮膚偏黃，適合啡系色調。當然你有時想配合季節嘗試轉用其他的顏色，例如粉紅色，那就要注意了，因為粉紅色很多人 carry 不到，有時粉紅色又會形成眼腫感覺，眼窩較凹的人才合用。所以我還是建議買啡色系的百搭眼影。

✦ 胭脂

我會建議用淺粉紅的，因為初學化妝的人很容易太重手或者搽得不均勻，如果用粉紅等淺色系，即使不均勻也不會太明顯。而且，粉紅胭脂接近膚色，感覺更自然年輕。有些人喜歡用橙色，但橙色容易令面色看起來較黃。而裸色系如用得不好、不適當，打上去的位置會顯得凹陷，就像是打了陰影，所以最好還用淡粉紅吧！

✦ 光影

光影很簡單，就是在 T-zone 位做 highlight，在蘋果肌位又加一點，如果蘋果肌較大的就不需要，那麼輪廓就會較突出。

✦ 陰影

面部較寬和圓的，可以用啡色陰影掃在面部兩旁，將輪廓修細。

唇彩

潤唇膏
（基本款）

潤唇膏
（滋潤）

✦ 唇膏

我有幾枝唇膏想介紹給大家，這就是一枝有色潤唇膏，即使不化妝也可以有淡淡的唇色，而且不容易掉色。有多種顏色可選擇，但我建議大家選一個最淺最自然的顏色就好了。這裏有兩枝潤唇膏，一枝是普通基本款，一枝是較為滋潤的，視乎你的妝容需要而選用。而我建議這兩個牌子的唇膏，是因為它們較薄較自然。

最近，韓國流行一種不掉色的唇膏。韓式的化妝喜歡從裏面慢慢紅出來，雖然它有很多顏色，但我還是挑選了一枝最淺色的，可是過了十個小時之後唇色還是慢慢變得更紅了，任你怎樣擦也不會掉色，除非用卸妝用品來卸。這種唇膏當你參加高貴的正裝晚宴，就可避免一些尷尬時刻，例如唇印留在杯上、吃完東西沒了唇色等。但最好不要經常用，不脫色應該是加了添加劑，用多了，恐怕對皮膚不好。

✦ 卸妝

第一步我會用普通卸妝液卸臉上的妝，這個
牌子卸得很快，而且清爽。我不喜歡太油的，
太油會令毛孔堵塞，容易生暗瘡。而另一枝
卸妝液是眼部的卸妝液，很多人都貪方便，
用同一枝卸妝液卸眼部和臉部，這樣睫毛液
之類的會卸得不乾淨，或者需要大力地多擦
幾次。由於眼部肌膚特別幼嫩，如果日日化
妝，日日擦那就很容易出眼紋，所以最好使
用眼部專用的卸妝液。

卸妝液
（面部）

潔面泡

卸妝液（眼部）

溫馨提示

有一點我經常向朋友解釋但他們卻不能理解的是，他們經常覺得用了這兩個卸妝液後沖水就很乾淨了。其實卸完還是要用潔面泡洗面，擠出黃豆般大的範圍，然後加水起泡，那就可以將妝容徹底卸乾淨。因為妝落得不徹底，會導致毛孔粗大、面色暗黃、生暗瘡，久而久之會生油脂粒。油脂粒不能自己解決，一定要去美容院找美容師才可以解決，而毛孔粗大了亦要靠美容儀器去解決，所以徹底清潔好重要，可免去很多功夫。

另外，即使不化妝也要洗面，因為我們日間外出時搽了防曬，而且街上有很多灰塵，黏上你的皮膚就會堵塞毛孔。不信？你試試不化妝外出，但回家就用化妝綿和卸妝液卸妝，你會看到化妝綿上面有一點一點的黑色，那些都是街上骯髒的灰塵，所以要徹底把它卸掉。

最後，我想強調一點：保持肌膚清潔便是令肌膚年輕的基本要求。

愛是恆久忍耐，又有恩慈，愛是不嫉妒，
愛是不自誇，不張狂，不作害羞的事；
不求自己的益處，不輕易發怒，
不計算人家的惡，不喜歡不義，只喜歡真理；
凡事包容，凡事相信，凡事盼望，
凡事忍耐，愛是永不止息。

《聖經》哥林多前書 3:4-8

凍結肌齡 · 目標鎖定

在序言我提過出版新書對自己來說有一種使命感，我亦知道出書賺不到錢，只是身邊實在太多朋友問我一些護膚心得，他們問得很詳細，一一回答後，我想起可能還有更多人想得到這些資訊，倒不如我寫一本書，公開我使用過覺得好用的護膚品，不是賣廣告，只是想分享給大家，也和大家談談一些關於預防皮膚老化的心得。

我想強調，保養要趁年輕，所以我們要盡早養成運動和打扮的習慣，如果從二十歲開始「keep」就可以令二十歲的樣子「keep」多幾年，如果四十歲才開始，那就只是將四十歲的樣子「keep」住，所以愈早「keep」愈好，尤其是皮膚，不好好保養，它會將你的年齡暴露無遺，甚至令你看起來比實際年齡更衰老，所以無論甚麼年紀，都要注意皮膚狀況，當有問題出現，也要懂得及時急救，盡量將肌齡凍結。

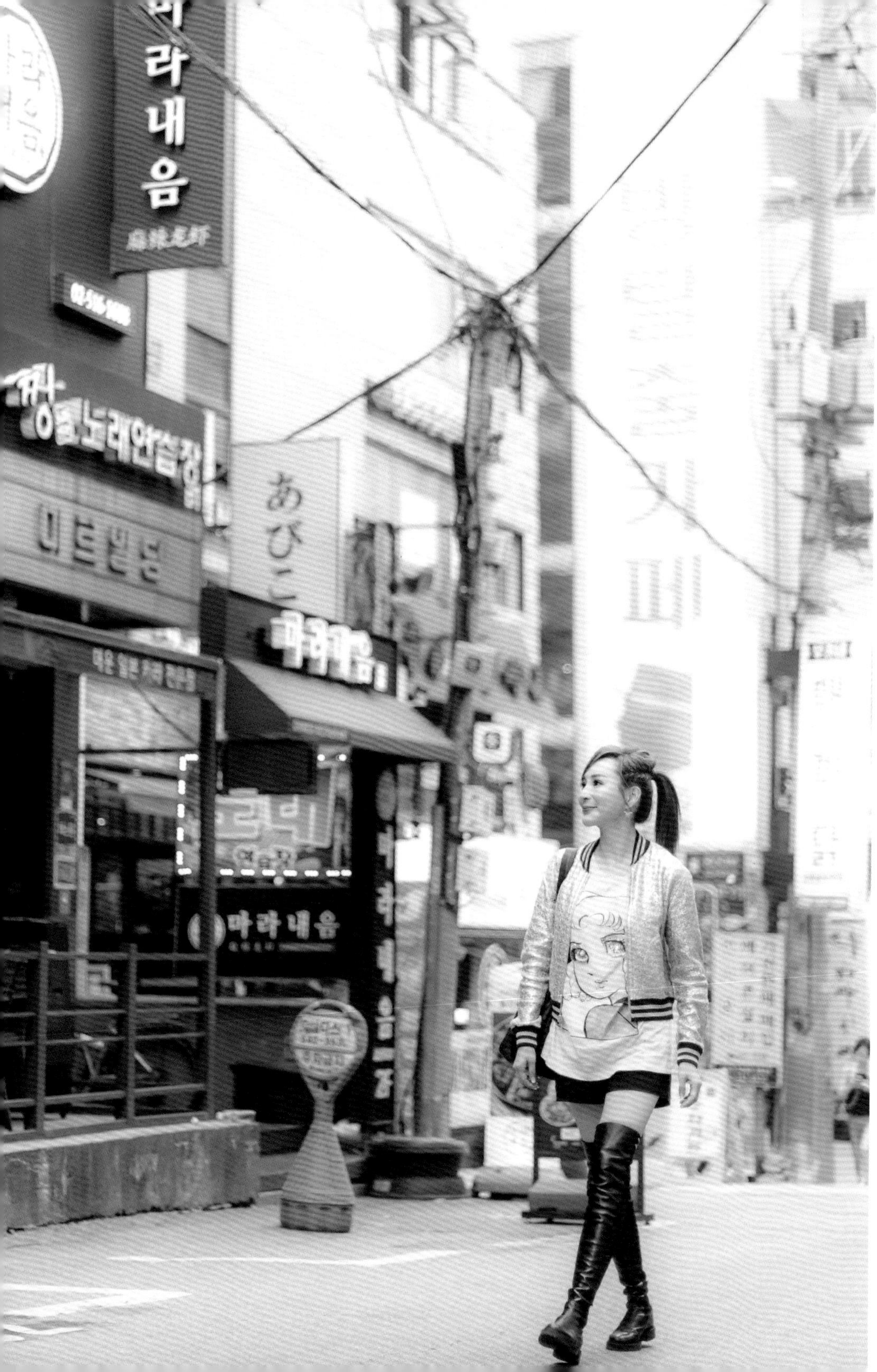
노래연습장
마라내음

護膚日誌

現今事業女性時間緊張，不希望花太多時間在護膚上，我的護膚程序也以簡單為主，原則是「快」「靚」。

✦ 清潔

首先，我特別注重的是清潔，即使沒有化妝，回家也會做足兩個步驟：一是卸妝。有些人用卸妝油，有些人用卸妝水，還有的是用「cream」狀，而我喜歡用卸妝液。有一點要注意，眼部的皮膚比較幼細嫩滑，最好和面部分開卸妝。二是潔面。我通常用 cleansing foam（潔面泡），只需要擠出黃豆般大小，加水，用手搓揉起泡，塗抹在面上，過水洗淨，清潔步驟完成。

然後，我會在面上均勻地搽上爽膚水，現在有一種叫柔膚水，會更保濕。如果夜晚的話，我會再搽 essence（精華液），最後是晚霜，大功告成！如果是日間的話，嫩膚水後搽 essence，再搽保濕的防曬乳液。

✦ 保濕

保濕是護膚的另一大重點，而敷面膜就是我最勤力做的功夫，一般一個禮拜敷四至五次，現在的都是不用沖水的 paper mask，只需敷十分鐘，而且不用平躺，可以繼續做自己的事情，方便又快捷。

秋冬季節，天氣較乾燥，或者捱完夜、曬完太陽，皮膚容易出現乾紋和細紋，假如不加理會的話就會變成皺紋，那到時就難處理了。面對乾紋細紋，我的對策就是敷 overnight mask，塗上所有日常護品之後，在上面再搽一層薄薄的 overnight mask，然後過夜，那就可以緊緊鎖住整張臉皮膚的所有水分，尤其適合一些在冬天需要開暖氣的地方，例如日本、北京、美加，而開暖氣會抽乾空氣中的水分，令空氣變得很乾，我建議睡覺時可以在床頭放杯水，或者放一部蒸汽機或加濕機。我之前在上海住了兩年，也都是這樣做，才能保持皮膚水潤亮澤。

這個 Mask 無論甚麼年紀也合適，即使是小孩子都可以敷，因為這是沒有防腐劑的。由做空姐至今，我嘗試過很多護膚品，也試過很多不同的 mask，這兩種 mask 用法簡單，即使是較滋潤的 overnight mask 亦不會堵塞毛孔，令皮膚出油脂粒、暗粒，這就是我極力推薦的原因。

✦ 美白

美白要由防曬做起，即使不化妝也要塗防曬乳液。現在很多化妝品和粉底也有防曬作用，所以有時化了妝就不需要再塗防曬，反而不化妝就一定要塗防曬。因為陽光、燈光都有紫外線，年輕時曬了可能不會有太大的反應，但過了三十歲就容易出現斑。那麼，年輕就不用防曬？當然不是，因為斑是日積月累的，曬着曬着，隨着年月過去就會走出來。除了塗防曬乳液外，亦可以去美容院做激光淡斑美白，做四至五次後就可以美白，但謹記做完激光後要敷面膜，令肌膚有足夠的水份。揀選美白產品和面膜時要小心，用無添加、無化學成分的產品比較適合。

防曬要有效，還有一點小貼示：防曬不是一日一塗就一勞永逸，而是要補的，最好每隔三個鐘頭塗一次，先抹去原有塗層，塗上新的，才謂之正確方法。

日間護膚組合

先搽嫩膚水，然後是美白精華，冬天用的那枝是早晚
都可以用的；然後搽防曬乳液，最後搽這枝有防曬作
用的護膚日霜。防曬乳液不化妝時亦要搽，搽完有少
少肉色，令膚色看來較均勻，而且沒那麼油膩黏。

▶ （左至右）美白精華→美白精華（冬天用）→防曬
乳液（不化妝時用）→防曬日霜→嫩膚水

晚間護膚組合

洗面後先用嫩膚水，先搽美白精華，然後夏天就
再搽水狀精華，而冬天就用藍色的那枝滋潤精
華。眼部護理，我用這個質感如精華般，容易吸
收也不容易生油脂粒。

最後，夜晚也要護唇，為你的唇保濕滋潤，避免
產生唇紋。唇紋多會令人感覺有老態，也會有點
不夠雅觀。

▲ （左至右）美白精華→精華（水狀）→滋潤精華（乳
液狀）→嫩膚水→眼部精華→護唇膚

急救秘訣分享

✦ 眼腫與黑眼圈

如果一起床，覺得眼腫，可以用冰敷，拿一塊薄毛巾或者手巾包着冰塊，然後沾水弄濕，用來敷眼，不可直接接觸，因為冰會灼傷眼部幼嫩的肌膚，包着冰塊的那一層手巾或布一定要夠薄，那才有即時的收縮作用。最後一點，一定要沾水弄濕才可以放上眼部，否則會黏住眼部皮膚，令肌膚受損。

另外有個較快捷的方法，就是用這一部手攜敷眼機，它上面有兩個頭，可以完全覆蓋眼睛。藍色頭是冰的，功能與冰塊敷眼一樣，可以消腫，而且效果更顯著。

如果想加強血液循環，就可以用紅色的那個頭。這邊是暖的，清潔好眼部後，先塗上眼部精華液，再敷，可以幫助將精華液導入皮膚組織，並有效紓緩眼睛疲勞和不適，及改善黑眼圈問題。有黑眼圈主要是因為血液循環不好，或者長期捱夜，而暖敷可以幫助血液循環，令黑眼圈問題迎刃而解。

✦ 不要忘記乾燥的身軀

有些人護膚只顧面容，忘卻了身體上的皮膚。每次沖完涼，在全身塗上 body lotion 是我的習慣，有些人會質疑「夏天也搽嗎？夏天搽黏膩膩的，很不舒服呢？」其實現在有一種 body lotion，很薄的，搽上去就好像一層水，沖完涼只需花兩三分鐘就全身搽完，那就不怕冷氣抽乾你身體的水分啦！

而手，我們更要着重保養，手一天的工作很忙，碰這碰那，經常要清洗，通常我會放一枝小小的潤手霜在手袋，每次洗完手都可以搽一搽，讓自己的手保持濕潤，預防細紋出現。這很重要，因為要看一個人的年齡，除了頸紋，還有手部呢，千萬不讓你的雙手暴露你的年齡！

✦ 靜脈曲張

某些職業例如空姐、售貨員、侍應等需要長期站立，久而久之會導致靜脈曲張。有種絲襪叫壓力襪，很緊的，是專門設計給長期站立的人穿的。壓力襪冬天穿可以保暖，較舒服，但夏天穿就會很熱，以前我做空姐就一年四季都穿着壓力襪，因為愛美嘛！而且香港大部分工作地方都有冷氣，夏天也不怕熱，所以我一直堅持着，每天都穿，所以做了幾年空姐，也沒有出現青筋突起等靜脈曲張的癥狀。

關心妍

❝ 由心而發的美麗才是永恆的美，時常保持身心靈健康就可以終身美麗！❞

✦ 青春痘

青春期時生了暗瘡，很多人會自己對着鏡子出力地擠。這樣做，雖然可極速令暗瘡凋謝，但卻有機會留下凹凸洞洞，而且留下的疤痕會大很多。所以有暗瘡，不要衝動，解決方法有很多。首先，最簡單快捷安全的方法就是找專業美容師擠；如果抽不出時間去美容院或者有經濟困難，也可以貼暗瘡貼，暗瘡貼可以消毒和消褪初起的暗瘡，也能防止發炎及腫脹；而微型治療暗瘡機就是暗瘡貼的進階版，體積迷你，可隨身攜帶，充電後可使用多個小時，也有相同的功效，一有不妥便可開機立時搶救；如果情況太過嚴重，切勿吝嗇時間金錢，要向皮膚科醫生求助。千萬千萬不要怕麻煩，在皮膚上「開墾」出坑坑窪窪的月球表面呀！話說回頭，要好好保護皮膚還是要從日常的面部清潔做起，並多飲水、涼茶、吃水果、維他命 B 或 C 等，防患未然才是最好的方法。

✦ 面腫

這一部白金美容滾輪可以對付面腫，流線形
手柄，適合於任何面形使用，在面部滾動時
有深度揉捏感覺，機器運作時會產生微電流，
可以幫助面部收乾水分、令肌膚緊緻亮澤，
化妝時輪廓會更突出。使用時向上滾動較為
正確，也可以揉按淋巴位，提高消腫速度。
這部機器長度只有 15 厘米，輕巧實用，旅行
時攜帶也不會增加負擔。如果還是懶得帶的
話，我們亦可自己來，用手按壓面部的淋巴
位，也有助即時改善面腫。

✦ 頭髮稀疏

現在很多人都很注重頭髮，因為頭髮會影響我們給人的整體印
象，所以不單止皮膚，頭髮的護理也非常重要。

月前在韓國，我發掘了一些頭髮的幹細胞儀器，現正在試驗中。
而這兩枝頭髮營養液，是我率先想推薦的。我的頭髮經常紮馬
尾、做造型，年紀大了，很容易出現「M」字額，即髮線向後
移的問題。頭髮營養液原來也分男女的，淺色給女士用，深色
的就是給男士的，因為男性荷爾蒙和女性荷爾蒙是不同的，所
以頭髮生長所需的營養也是不一樣。這個營養液，使用方法非
常簡單，每晚搽，滾珠式的瓶口，只要碌上去就可以了。

健眼操四部曲

當你看電腦或者看劇，看到雙眼累了，就可以做這組健眼操按壓動作，用來促進眼部的血液循環，可以紓緩眼乾、眼澀，還可以減淡黑眼圈，日日做效果就最好。做健眼操時，建議雙手不要凌空，枕在枱上會較好，可以較好地控制力度，又不會令雙手疲勞。

1. 用拇指在眉骨上輕輕打圈按壓，大概 20 至 30 下。

2. 用拇指按住夫妻宮，用食指由左至右分別按壓上下眼窩骨，重複 20 至 30 次。

3. 食指和中指伸直並攏放在蘋果肌，打圈按壓 20 至 30 下。

4. 以拇指及食指按壓鼻樑位，切勿太大力，否則鼻樑會紅。

護膚品選擇：
Candy's Choice

選用甚麼護膚品？如何決定用甚麼護膚品？我並不着重品牌，使用的護膚品並非來自同一個牌子，只會揀選適合的類別，然後靈活配搭不同的品牌，希望可達到最好的效果。選購化妝品亦然，很多牌子都會用，對於護膚、化妝品我很好奇，嘗試過很多牌子，哪些產品適合自己，已經瞭如指掌了。

每次選用某個產品，不要一次過購買整套護膚品，建議先買一、兩樽產品試一試，如果適合才買一整套，避免因為不適合自己而浪費金錢。購買前我一定要先了解所有相關資料，亦會做試驗，一買回來首先搽在手上，若無敏感反應就搽脖子。對於護膚品我最基本的要求，就是保濕，畢竟肌膚水潤，是令人感覺年輕的關鍵。

最後，還有一點要看清楚，就是護膚品成分若含有重金屬，或者超標的防腐劑，就放棄，另覓所愛吧！

臻萃亮采修護眼部套組

眼周狀態特別容易暴露女生的真實年齡，對電腦時間長、化妝、熬夜等行為，導致眼周皮膚老化加速，再加上眼紋、黑眼圈、眼袋等，看起來會比實際年齡更大。所以，眼周的護理不可忽略。臻萃亮采修護眼部套組含有淡化黑眼圈專利，以及去眼袋活性肽、維他命 B9 等成分，以精華加眼霜雙管齊下，可以增加眼周皮膚彈性，改善抵抗力，對解除眼周充血狀態、淡化眼周細紋、黑眼圈、眼袋等，效果顯著。

韓國護膚新發現

Zentical Solution 系列的護膚品全部都在韓國經由科學家透過專利配方、無菌製作，完全專業，堪稱濕疹和敏感皮膚人士的恩物。

  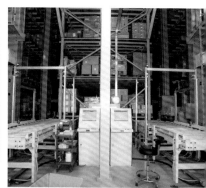

再生精華和面霜

成份為 PDRN，即三文魚 DNA 的萃取物，有較高的滲透性，可以有效改善膚質收細毛孔，增強皮膚光澤度。因具皮膚再生能力，對癒合傷口、消炎和抵抗過敏源亦非常有效，敏感皮膚人士都合用。

再生黃金膏

黃金膏透過科研高科技技術，無需類固醇，可令敏感性肌膚，包括濕疹、紅腫得以紓緩，滲透度高、修復速度快。

護膚的重要性

當你擁有水潤透亮的完美皮膚，就算不化妝也可以見人。現在的做眉技術很高超，可以做到很自然，一條一條地畫上去的，不是紋眉，而是叫做飄眉或霧眉等等。有了兩堂自然的飄眉，你只要塗塗潤唇膏，再塗些防曬乳液，如果你皮膚不錯，就已經可以出街了，省回不少時間和心力。當然要皮膚好是需要長期護理的。

我覺得護膚不只是女性的專利，男士也應注重，因為皮膚好會令人感覺儀容整潔，可給人留下良好的印象，說不定人際關係也會因而大大改善呢。

機會總是留給有準備的人，若從事演藝工作的人士可以隨時備戰，保養好自己的皮膚，當有廠商找上門當其護膚品代言人，那就可以即時上場應戰，及時掌握這次商業機會了。

Carman
Kwan

衍生行副主席

事實容易解釋，感覺卻難以言喻，擁抱正能量，活出真自我！

極速減肥・健康食療

一說起減肥，大家眾說紛紜，各出奇謀，甚麼方法都有。有些以捱餓為主的方法，真的不建議大家跟隨，這會影響身體健康，尤其我們是以米飯為主要食糧的民族，要一下子戒除澱粉質，可能會造成血糖低、周身乏力的問題，嚴重的話甚至會暈倒。身體狀況不好，心情自然低落。還有就是借助減肥藥的幫助，也是不好的示範，因為服藥時間長了，雖然會消瘦，可是會有後遺症，甚至引起情緒抑鬱。

減肥令自己變美是好事，我們要快快樂樂地減，帶着正能量去減，着力於每日的餐單，視乎自己的喜好及身體特質去制訂，既可以保持口福，又可以開心感受自己的體態日漸輕盈，令你的美麗由內散發出來。當成果顯著時，朋友便會發現，自然少不免美言幾句，被稱讚的那種喜悅真的是直入心坎。內心愉快，外在美麗，再加上健康，一舉三得。因此，我多年來也制訂了自己的餐單，現在趁機與大家分享，希望作為參考。

一星期極速減肥餐單

餐單以減水、減油、減糖為主。肉類與澱粉質要輪流攝取，想吃多些飯，肉類分量要減；想多吃肉類，澱粉質分量要減。

首先是早餐，一起身蛋白質最重要，而蛋白又有緊緻肌膚的作用，所以我會吃兩隻焓蛋白，然後再加一碗粟米片，還有青瓜沙律和番茄，番茄有抗氧化的作用。而粟米片因為比較硬，建議加點牛奶，脫脂或不脫脂的牛奶都可以，反正用的分量不多，因為目的是極速減肥，牛奶不宜太多，始終易肥。如果很想吃甜的，就加少許蜜糖。

到了中午，我會吃蒸番薯，一來有飽肚感，二來它所含的澱粉質和碳水化合物分量比較低，而且是健康的。如果可以選擇的話，我會選日本番薯，不會太甜，只需吃幼幼的兩條便夠了，如果番薯稍大的話吃一條即可。假如你真的很喜歡或需要吃米飯，可以吃糙米飯。

再來晚餐，我會正常地飲湯，吃魚吃雞吃菜，只不過要減吃澱粉質，還有最重要是戒零食。這對我來說比較難，因為我最喜歡吃的就是零食，尤其是朱古力和薯片。

其實最辛苦最難捱的是第一天，不過只要連續實行一個星期效果就會顯現，這亦是令人堅持努力下去的動力。另外，我想強調減肥必須是方便的，不要因為減肥而限制了自己的生活，或者影響到身邊人。我們要養成一些減肥養生習慣，但這些習慣一定要簡單、舒適、方便，不用自己去遷就，否則影響了生活，就得不償失了。最後要強調的是，所有減肥餐單，都要輔加適當的運動，雙管齊下，才會更快見效。

飲食習慣

✦ 喝暖水

飲料方面，亦不要掉以輕心。所有的飲品我是一律謝絕的，只喝水，長期喝暖水。因為凍水會積聚脂肪，暖水則可以排毒和幫助燃燒脂肪。

✦ 喝熱鮮奶

鮮奶營養豐富，而且適合男女老幼。大家都知道鮮奶含有豐富的鈣質和蛋白質，可防止骨質疏鬆，鮮奶也有鎮靜催眠的功效，所以除了早上喝鮮奶做早餐外，晚上睡前也可喝一杯熱鮮奶，可使人精神放鬆，幫助提升睡眠質素！睡得好，自然皮膚都好！

✦ 生果餐

還有一個極速減肥方法就是吃生果餐和飲蔬果汁，連續三日、早午晚三餐都是吃生果。不過，記得不要吃太多糖份高的，例如提子。吃香蕉、蘋果、木瓜、奇異果、橙等等都是沒有問題的。

✦ 少食多餐

胃是可被撐大縮小的，若一日三餐都吃到十成飽，就會撐大你的胃。但我想告訴大家，如果每餐只吃到七分飽，即使一日吃夠五餐，也不會發胖。

✦ 喝咖啡

其實，每日我們的身體都會積聚很多水分，可能是排水出了問題。因此，有些人會在早上喝一杯咖啡用來排水，可是有些人的胃受不了，那就可以吃一小包梳打餅，這是專業醫生的建議，作用是紓緩胃部不適。我的工作三餐不定時，有時實在餓壞，所以我亦習慣準備好梳打餅放在手袋，一感到胃不舒服就吃。

第一餐 一起床刷完牙我會空肚喝一杯暖水加一片檸檬，這有清理腸胃、吸收維他命 C 的排毒作用。早餐就吃兩個蛋白，焓的，不要煎蛋，煎的很油膩。有時會加一碗小小的粥，或者牛奶麥皮，再炒一碟菜，若炒菜覺得麻煩，也可以青瓜或沙律代替。一日之計在於晨，早餐分量可以多些，這對一個人的能量很重要。

第二餐 午餐可簡單一點，例如吃一碗雞絲蔬菜湯麵。

第三餐 下午茶，可以吃一般的三文治或者蛋糕都可以。

第四餐 晚餐，切忌太肥太過量，如果想吃米飯又想吃肉，就要斟酌一下兩者的分量，吃多飯就減少吃牛肉、羊肉等紅肉，改吃魚、雞肉等等，但如果喜歡吃肉，就要減少吃飯，若兩者都吃得多，會發胖的。還有一點要記住，吃雞時不要吃雞皮，吃雞皮會影響身體健康，可能引致膽固醇偏高，或者血管堵塞的問題。其他多油多脂肪的食物也盡量少吃，這是基本要求啊！

第五餐 宵夜我會吃冰糖燉雪耳或者雪耳煲紅棗龍眼肉，長期食用對皮膚很好，而且龍眼吃了可以安眠。有些人覺得龍眼肉較燥，就改為木瓜。這個糖水可以長期食用，既經濟又實惠，可以補充骨膠原。花膠雖有同樣的功效，但價格較貴，未必人人都可負擔，未能持續日日吃。而煲雪耳或木瓜這麼經濟的方法就可以長期食用，也不會有太大負擔。

養顏食療 *Candy's Kitchen*

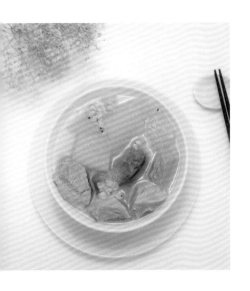

冬瓜薏米鴨腎湯

豬䐥　1斤	鴨腎　1隻
冬瓜　1斤	薑片　3片
生薏米　40克	

做法：水滾後將豬䐥汆水。準備好冬瓜，薏米浸軟，鴨腎洗淨。鍋中放適量水煮滾，加入豬䐥、薏米、鴨腎，以大火煮15分鐘，再轉小火煲2小時，放入冬瓜再煲半小時，即可飲用。

功效：冬瓜清潤，薏米有維他命E、去濕、去水腫，對皮膚有益，可長期食用。

蘿蔔鯽魚湯

鯽魚　2條（約500克）
白蘿蔔　300克
金華火腿　適量
蔥　2棵
生薑　1小塊
料酒　大匙
食鹽　1小匙

做法：1／鯽魚洗淨，在魚身兩面各劃五刀。白蘿蔔去皮洗淨，切細絲。蔥洗淨切段，生薑洗淨切片。2／鍋中放適量水煮滾，加入所有材料以大火煮15分鐘，再轉小火煲2小時，下鹽調味即可。

功效：鯽魚活血通絡，熬湯適合經期後女士飲用，可作滋補養陰。另亦有去水腫的食療功效，美味之餘又可美顏。

花膠煲雞

雞脾　兩隻（可去皮）	元貝　5-6 粒
花膠　3-4 片	螺片　5-6 片
金華火腿　35-40 克	

做法：花膠、螺片浸過夜，將雞脾（可去皮）汆水備用。花膠、螺片、金華火腿、蔥、薑一同汆水備用，元貝於煮前約 1 小時用水浸軟。將水煲至大滾後加入所有材料，連同元貝水放入燜燒鍋，以大火煮 15 分鐘，放回燜燒鍋內膽燜 4 小時或以上，取出後放回以明火煮 15-20 分鐘，即可飲用。

功效：花膠含有豐富的鈣、磷、鋅、鐵、硒、維他命和膠原蛋白質，補而不燥、養顏護膚、滋陰補腎，老少咸宜，很多婦女生產前後都喜歡食用花膠以促進身體恢復和增強免疫力。

潤肺清音紫薯糖水

桃膠　　5 錢	紅棗　　約 10 粒
紫薯　　4 個	冰糖　　1 兩

做法：桃膠浸過夜，挑去雜質備用。紫薯浸 15 分鐘後切細件，備用。紅棗去核開邊洗淨備用。鍋內注水，將紫薯、紅棗與桃膠放進去一起煮，煮滾後轉小火煲 15-20 分鐘，待紫薯熟透。最後加適量冰糖調味，冰糖完全融化即可。

功效：含有豐富植物性膠原蛋白，令皮膚嫩滑、增加彈性，而且可以通血脂、降膽固醇的作用。

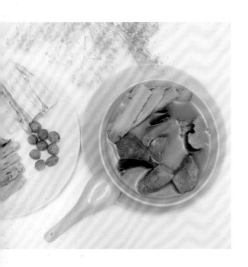

養生四物湯

川芎	3 錢	杞子	5 錢
白芍	5 錢	南棗	1 兩
熟地	5 錢	當歸	2 錢

做法：首先將所有材料洗淨，用湯袋裝起放入鍋中，注水蓋鍋。
先以大火煲滾，然後轉小火煲一小時，若不喜歡只喝藥材湯，
可於放藥材同時加入排骨，煲好後以鹽調味即可。

功效：補氣血、潤肌。

雪耳煲紅棗龍眼肉

雪耳	1 朵	紅棗	8 粒
龍眼肉	10 粒	冰糖	適量

做法：雪耳首先用清水浸泡過夜，剪掉硬蒂，洗淨；龍眼肉、
去核紅棗洗淨，一起放進煲內，用電瓦煲煲 2 小時，加適量冰
糖，可以長期服用。

功效：滋潤肌膚，增加骨膠原，補氣血。如果怕燥可以用雪耳、
木瓜、南北杏、冰糖一起煲。每星期可以服用 4、5 次。

保健產品介紹

✦ 維他命 C

我很注重維他命 C，也會給小朋友服用，是每天必須的，尤其是睡眠不足，或者日夜顛倒、容易生病，服用維他命 C 可以增強抵抗力。還有一點很重要的是可以淡斑，例如擠完暗瘡的斑，或者是曬太陽的斑。

✦ 綜合補肝營養

因為工作不定時，有時要連續多天捱夜，這對肝臟一定有壞影響，肝臟不好會有很多問題，面色不好，還有排毒功能變差，所以我長期服用綜合補肝營養。

Will Or　　星級化妝師

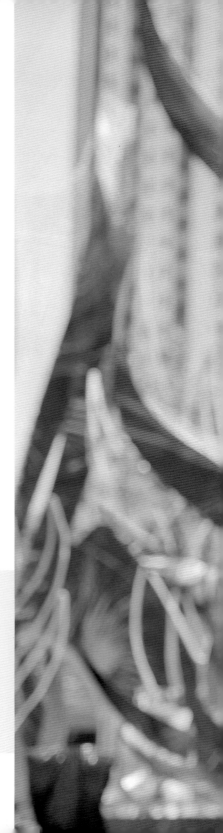

> 「你很棒」
> 不是別人說的
> 是自己對自己說的
> 比起別人的讚美
> 保持每天讚美自己
> 所有事情都會美麗

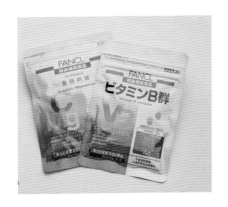

✦ 含鎂鈣片

女性三十歲後骨質會開始疏鬆，鈣質流失的問題亦漸趨嚴重，尤其是生了孩子的女性。除了鈣片，我們最好每天都出去見一見太陽，大約 15 分鐘，千萬不要曝曬，只需要在上班或出外途中見一見太陽，這是必需的。

✦ 維他命 B 雜

長期食用對皮膚很有益，可以減少暗瘡的問題。

✦ 頂級舞茸

不用日日服用。我一般在拍劇需要體力、營養時服用，用來增強免疫力、抵抗力。

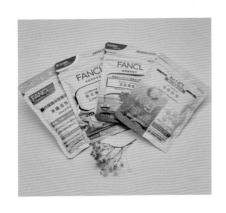

✦ 淨腸活性益生菌

常在外面用膳，或者飲食不定時，就會令腸胃不適，引致排毒有困難。長期服用益生菌可以令排毒暢順，令你的身體、皮膚等各方面狀態變好。除了服用這個，益生菌也可以從乳酪方面攝取。不過，吃這個就更方便，上班或外出時，隨身攜帶，一包包獨立包裝，可以隨時食用。

✦ 明目健眼的藍莓素

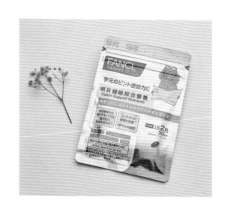

補眼非常重要，所以我長期食用藍莓素的。因為新鮮的藍莓不可隨處購得，有時買到又很酸，這個產品對我來說比較方便，可以持之以恆地服用。由於我的眼睛曾做過激光矯視手術，矯正了近視，所以較容易乾澀、出現紅筋，藍莓素可以幫助舒紓緩這兩方面的問題。而且，服用多時後，我還發現一個意想不到的好處呢，就是它延後了我的老花，我直至過了五十歲也沒有老花。直至近一兩年，才有一點點，可能是因為看手機太長時間。我建議看手機一定要開燈，在黑暗中看手機，眼睛很傷的，所以不要貪方便，一定要開燈。

動起來‧制定運動日程

香港人，太忙了，總是將「沒時間」掛在口邊，將自己迫得太緊，鬱鬱埋埋難免有天會爆，而長時間對着電腦做做做，也令打工仔身體出現不同的痛症，有些 OL 更是常常投訴，整天坐都坐出「豪華團」、「水泡腰」了。其實，很多問題，如水腫、容易扭親、脂肪積聚、身體變形等等皆由缺乏運動引起。

所以，為了預防種種問題，我一直以來都保持運動的習慣，有空的話我每星期都會到室外跑步 2-3 次，每次大概 20 分鐘，慢跑，如有養寵物的話，帶着寵物散步也是很好的運動，出汗可幫助身體收水，改善水腫問題。另外，我喜歡做空中瑜伽，一來覺得姿勢優美，二來我的腰有舊患，空中瑜伽有一塊布條作承托，可彌補我腰力欠佳的缺點。另外，我每日都會在家做 5-10 分鐘伸展運動。這些伸展運動可以增強骨骼強度，同時又能保持身體的柔軟度，讓我們不容易扭傷腰骨、頸等，亦能減少「瞓捩頸」。

總言之，活在緊張的氣氛，運動是可以幫到很多的，既可治療負面情緒，又有強健體魄、減少拉傷扭傷的作用。但羅馬並非一日建成，運動也不是即時見效，來給自己制訂一個運動計劃吧！給自己一個目標，例如每周至少三次，每次進行 20 至 30 分鐘運動的習慣，堅持去做，我相信一定會有所收成的。

空中瑜伽

空中倒吊

(aerial inversion)

這是空中瑜伽倒吊的基本動作，可以放鬆每節脊椎的壓力，及改善整體血液循環，配合手臂向兩邊的伸展，可以收緊上肢（包括手臂和背部）的線條。

Candy 玩後心得：

1）透過倒吊動作，改善了身體的血液循環，面部皮膚更有光澤。

2）伸展過後可以紓緩平時穿高跟鞋帶來的腰背痛。

講到核心肌羣，當然不少得以下兩個動作。

半身倒轉動作

半身倒轉動作，少一點腹力也維持不住。先把吊床放在自己的平衡支點上，然後把上半身放鬆向後仰。手臂可向中心方向內收，把背部肌肉同時收緊。

Candy 玩後心得：

1) 雖然說是集中腹部訓練，但需要全身肌肉配合，是最爆汗的訓練動作，可快速燃燒脂肪。

2) 腹部肌肉一秒都不能放鬆，腹肌／馬甲線也是這樣爆出來的。

平板支撐進階訓練

動作主要是收緊腹部，利用自身重量，加上上肢和下肢的配合，達至全身多方位收緊的效果。

先把雙腿懸掛在吊床上，雙臂穩定在地上，慢慢把臀部提升同時把腹部收緊。

✦ 鴿子式

這個是由半空一字馬動作演變出來的動作。把前腿屈曲靠在吊床上，後腿保持伸直，待身體穩定後可把手臂輕輕放鬆便可。

動作除了可伸展臀部和髖屈肌羣外，還可以將腿部線條拉長，令下半身看起來更加勻稱。

Candy 玩後心得：

1) 難度看來雖然沒有其他的動作高，但少一點柔軟度也很難平衡到。

2) 透過伸展動作，改善了腿部柔軟度，拉長了腿部線條。

這兩個動作是空中倒吊（aerial inversion）的變化式，動作都是利用大腿和腹部把身體穩定在吊床上。

配合脊椎伸展和手臂向後延伸，目的是把背部的曲線美增加和收緊手臂。

十指扣上，把上背肌肉收緊時，同時可伸展肩膊肌肉。

這兩個動作是空中倒吊的進階，主要鍛煉平衡力，屬於難道高的動作。除了可以訓練核心肌羣，動作加上腿部伸展，可以收緊和改善下肢線條。

（左圖）動作是運用單腿平衡，配合上身穩定躺在吊床上，然後進行四頭肌和肩關節伸展。
（右圖）進階動作，單腿先打開髖關節，繞過吊床並用腳踝扣實，另一腿用力伸直，保持吊床張力，腹部收緊同時提升臀部。

Candy 玩後心得：

1) 平衡動作可以提升專注力和集中力。

2) 在吊床上做出剛柔並重的平衡動作，幾乎全身肌肉都可運用到，但這些動作不會令肌肉變成一舊舊，肌肉結實得來，身體線條更突出及富美感。

關楚耀

66 正因為不完美，我們才需要不斷地努力創造努力奮鬥，去塑造一個完美的自己。 99

地上瑜伽

✦ 橋式

動作主要收緊臀部，改善腿
部線條。配合核心肌羣控
制，可減輕腰背痛出現。

✦ 單腿橋式

是橋式進階版，除了增加盆
骨穩定性，亦可加強收緊臀
部肌肉。

✦ 捲腹旋體

動作主要集中腹部訓練，配
合上身轉體。令腹部和腹斜
肌的線條更加明顯。

✦ 瑜伽武士一式

動作主要收緊大腿和臀部肌肉，增加下肢的線條美。配合舉手動作，也可增加背部線條和有挺胸效果。

✦ 瑜伽武士二式

動作主要收緊和伸展大腿內
側肌肉，配合手臂兩邊伸
展，可增加手臂線條。

✦ 靠牆半蹲 ＋ 肩膊外展

動作主要收緊和改善下肢線條，配合
肩膊外展訓練，加強背部線條美，改
善圓肩（寒背），有挺胸效果。

✦ 坐姿脊椎轉體

動作主要集中腹部訓練，配
合脊椎轉體訓練，大大幫助
提升腹部和腹斜肌的線條。

✦ 登山者（Mountain Climber）

動作屬全身性的訓練，可鍛煉核心肌肉，改善手臂
和腹部線條外，還可提升心肺功能。

✦ 仰臥脊椎轉體

動作主要集中腹部訓練，配
合雙腿左右擺動，可提升腹
斜肌線條，增加脊椎靈活
性。

✦ 仰臥手臂伸展

主要收緊手臂三頭肌訓練，
平躺姿勢有助踢走「bye
bye」肉之外，還可減輕肩
頸和腰脊壓力。

示範了這麼多組動作，大家有興趣可以按需要改善的部位作針對性的訓練，但切忌過量，否則，
身體會受損。假如你有人生大事例如結婚、表演在即，心急減磅的話，最好就找個專業的教練，
針對你的身形去作重點修正，令效果更快顯著！

身材保養・愈做愈美機

我常常強調保養要由年輕做起，有些人就開始緊張了，問我：「怎辦？我們這些熟女，年輕不努力，現在有沒有辦法臨急抱佛腳？」其實前面提及的一系列運動和飲食調節可以有很大的幫助。不過，若果有些部位需要急救，或者工作生活繁忙未能持續抽空運動，近年科技一日千里，雖然未至於可以令你回復青春，但在美容修形方面絕對有好多方法，可以協助大家 stay young，甚至會有不同程度的減齡效果。

另外，隨着年紀成熟，新陳代謝減慢，有些部位即使努力運動及節制飲食，都未必有顯著效果，在這時候，我會嘗試以高科技美容儀器配合。當然大家要做任何儀器療程之前，一定要了解整個過程，亦都要找一間信譽好的美容院，那就事半功倍。經過多次的試驗，我想和大家分享我的一系列美容修形小秘密，給各位有需要的愛美讀者參考一下，當百忙中有一點閒時可舒舒服服地享受駐顏修身療程的樂趣。

冷凍溶脂（Cool Sculpting）

甩掉鬼祟肥肉

每次聽到有人稱讚我的體態很美，我都感到心花怒放。其實我亦曾經為自己甩不掉的脂肪而煩惱，節食、做運動統統都試過了，還是改善不了後腰，即我們所謂的「call 機肉」，穿上貼身褲子、裙子就現形，怎辦呢？

現在，我要公開一個修形小秘密，這是一個冷凍溶脂的療程，你肥在哪裏，急需甩掉的脂肪在哪裏，Zeta Clinic 有經驗豐富的治療師會為你專門設計，包括最頑強的大腿內側和膝頭旁邊的贅肉，都可以處理到，療程目標是消滅 25%-60% 脂肪細胞。這個半小時的療程很輕鬆，無需手術，療程後亦沒有過渡期，可以即時見效，比較有成功感。

日本人體微電流（Fit Magic）

舒 經 活 絡 開 穴 塑 身

由於工作關係，我經常需要飛來飛去，在飛機上面小腿容易出現水腫問題，搞到雙腳又腫又脹。後來，有位專業的美體師介紹了這部 Fit Magic 給我，Fit Magic 利用微電流紓緩緊繃的筋肌，而原來我們身體很多痛症都是由筋肌僵硬所引起，有時更會令身型有變，據聞很多運動員都利用微電流紓緩肌肉痠痛的問題，於是我便決定試試它。

Fit Magic 療程以微電通淋巴去除多餘水腫，再以磁錐及一把叫 Dr. Hand 的儀器推身，感覺就像無針針炙，或者說是無痛按摩也可以，很舒服。它有一個神奇的功能是經絡淋巴追蹤，可以追蹤到你的穴位，而磁力透過摩擦，釋出能量穿透進經絡層，達到開穴之效，例如它會追蹤到你的鼠蹊穴位，鼠蹊是胃、肝、脾及腎的交柱位，追蹤按摩這個穴位有助瘦腿、紓緩腳腫和減肚腩。做的時候可以針對指定位置決定追蹤哪些穴位，加強效果。

VelaShape III

一 次 治 療 持 續 瘦

夏天來了，很多男女朋友都詢問我有何極速修身妙法，我想大家都急不及待想到沙灘和陽光玩遊戲吧！但礙於腰間多餘贅肉、身體鬆弛皮膚，惟有先忍一忍。

這部 VelaShape III ──一個非侵入性、無痛無需復原期的治療，只利用高科技加熱皮膚組織，儀器運作時感覺暖暖的，還有輕微的吸啜力，好舒服不會痛。過程中，受熱脂肪便會老化凋亡，取而代之的是膠原的生長。兩星期開始，就見到腰圍慢慢變細了，鬆弛皮膚亦漸漸變得緊緻，回復年輕肌膚彈力。一般來說，二至八個星期內便可收效。這部機器可配不同探頭，適合身體不同位置，全身塑型又得，針對局部甚至如副乳等很難做到部位亦得，最大功效就是減少橙皮紋及橙皮脂肪。

夏日炎炎，美女帥哥們，準備好未？

素顏嫩肌嬰兒槍 (Futera Dots)

一 槍 到 位 撫 平 細 紋

除了要 keep 住體型之外，面部護理亦需要注意，因為藝人經常都要面對鏡頭，化妝是必定要做的事，所以我平時除了做普通補濕清潔 facial，還特別注意毛孔粗大、皮膚開始鬆弛的問題，針對這兩大困擾，我就選擇了「嬰兒槍」。

嬰兒槍是今年最新的醫美儀器，使用非入侵性多極分段式射頻，過程中會釋放熱力「氣化」肌膚表皮，確保以最小熱點達到輕微創傷，提升輪廓、撫平凹凸洞、減淡皺紋和細紋，甚至妊娠紋也可有效改善。在修復過程中會促進皮膚更新，還會大量製造我們女士最愛的膠原蛋白！

體驗過後，明顯感覺是皮膚回復彈性，而且緊緻白滑了。還有，最令我開心的是完全不用擔心翌日工作或化妝問題，因為一天臉部便已退紅，隔日就可上妝了。

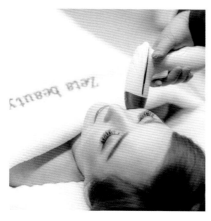 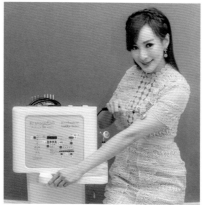

零感埋線機

持久緊緻

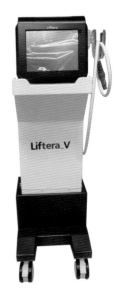

除了演藝工作，近年開始發展其他範疇的事業，經常一開工就沒收工，有時更需要一段時間的日夜顛倒，肌膚難免因捱夜、長期上妝以致乾裂黯啞，最近我嘗試過一部叫「零感埋線」（Liftera）的儀器，它可以利用超聲波的技術直達肌膚的筋膜層，達到皮膚緊緻之效。試過之後，發現這個效果非常之持久，有時連日捱夜都不會受影響。如果可以配合無創水光療程，幫助修復肌膚，那就可以將皮膚黯啞問題也一併解決，日日保持白滑，Bling Bling 開工。

超聲刀（Ultherapy）

抗皺活肌減齡

當女人與女人面對面坐下來，一定會盯着對方看，從眼眉到胸前，不放過每一寸外露的肌膚，心中暗暗猜測着對方的年齡，「嗯，這個有頸紋，年紀不小了。」、「那個臉部緊緻沒一條細紋，是令人羨慕的少女呢！」

不過，肌膚都會說真話嗎？才不會呢！現在有了醫美儀器的輔助，誰不懂說說美麗的謊言呢？所以我想推薦上海俏佳人的 Ultherapy 超聲波逆齡療程，無痛非侵入，只需半小時至兩小時。這部機器可以整體拉提上臉部、下臉部、頸部及上胸的線條，撫平皺紋，亦可收面部輪廓提升之效，如果配合實時影像技術，更加可以選擇適當位置讓你的膠原蛋白生長，讓青春肌膚「彈返嚟」。

用了這部儀器，我才明白，年齡並不重要，因為根本不由我們控制；而肌齡，則是掌握在我們手中，而且是唾手可得的。

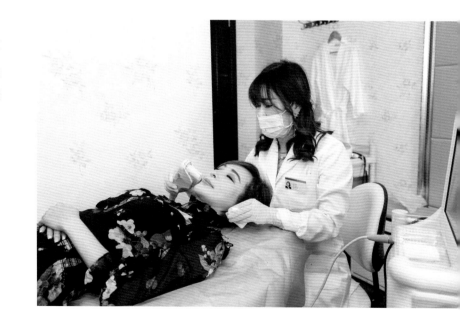

白雪公主療程（Cutera Excel V P Laser）

一槍到位撫平細紋

最近很多朋友問我，又發掘了甚麼新穎好用的護膚品，皮膚看起來有光澤又白滑，感覺好柔嫩健康，其實秘密就是我又追趕新科技，連做 Facial 都要跟着時代的腳步，我要鄭重向大家推介這一部新寵——Excel V P Laser，它以最新的激光技術，利用兩種可調節的激光波長，針對性地治療以往難以改善的皮膚問題，做完皮膚會即時有收緊美白之效，稱之為「白雪公主療程」。如果你有荷爾蒙斑、色素沉着、玫瑰痤瘡等重大面部問題，更加要去試試看這部 P Laser 的威力。

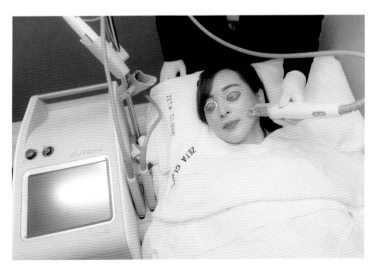
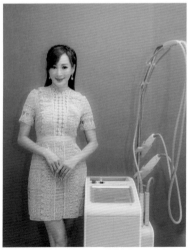

荷爾蒙平衡術

強健體魄，延緩衰老

隨着年齡增長，體內一千多種荷爾蒙分泌會減少，進而引起荷爾蒙失調。荷爾蒙平衡術結合傳統中醫技術和最高端的生物科技，令我有了信心，於是前去試驗。首先，職員帶我去向醫生諮詢，解答我所有疑慮，然後為我抽血，以先進的方法進行檢測分析，針對體內荷爾蒙分泌狀況去作出調節，以平衡身體狀況，達到年輕化、抗衰老的效果，包括增強免疫力、推遲更年期、增強記憶力、消除皺紋、毛髮再生等等。

奧尚器官肽

延緩衰老

「愛靚唔愛命」，這句話相信女士們由小到大都經常聽到吧。為了保持外形及容貌，大家用盡辦法，企圖捉住青春的尾巴，只是歲月無情，皮膚、體力狀況隨着年紀增長每況愈下。繼荷爾蒙平衡術，我又嘗試了奧尚器官肽療程，特別之處在於它可以根據接受治療者的身體狀況進行度身訂造的療程，透過簡單的靜態點滴和穴位注射，有效增強細胞的免疫力、抑制機體的過氧化反應和DNA 突變，繼而達到延緩皮膚和身體機能衰老之效。

如有面色黯啞枯黃、多皺紋、皮膚鬆弛欠光澤、身體容易疲累、睡眠不足、脫髮等等衰老徵狀的熟齡人士，也可以深入了解一下奧尚器官肽療程。當然，我已經率先為大家作了試驗，整個療程由詳盡的身體檢查開始，有醫生駐場諮詢，而且靜態點滴和穴位注射等都是由醫生負責注射，安全可靠，每項技術亦皆有專利憑證，整個過程令我感覺安心又舒適愉快。

後 記

本書的製作終於圓滿結束，朋友問我：「看着自己的心血誕生有何感覺？」我一陣感動，想起整個過程，拍攝美照、編寫文字、聯絡贊助、統籌策劃……每一個環節，都得到很多天使朋友的幫助，這個「自己的心血」原來是在眾人拱照下完成的，所以我很希望可以在這裏對這些在寫書路途上幫助過我，及鼓勵支持我的人致以最真誠的謝意。

首先，由我訂下寫書的目標開始，我一直抱持着「全力以赴、做到最好」的心態去實踐，但想不到我對自己的高要求，將身邊很多親人朋友都拉下了水，除了幫忙寫序的明明姐、家燕姐、米雪和 Sammi（鄭秀文），還有超過 20 個藝人朋友，他們應我的要求於百忙中抽空為讀者撰寫打氣正能量金句，為我的書加添色彩，實在感激不盡。

我的三個兒子，當我收到他們給我寫下的鼓勵說話，我有一種特別的感覺。平時都是我在他們身邊扮演「黑白天鵝」，現在他們竟可以贈給我如此成熟的說話，他們真的長大了，而且懂事了，我感到很欣慰。

有一個人物，我要特別鳴謝的，就是我的媽媽。書中有一部分是介紹養生保健湯水的，為了拍照時好看，需要在拍照現場即時煲，但憑我一己之力，一個早上之內要煲那麼多個湯品糖水，實在是不可能的任務。幸好媽媽出手相助，為我分擔炮製其中幾款湯，攝影工作才得以順利完成。媽媽，你總在我有需要時出現，真的要向你致以一萬分的感謝！

當然，我要多謝的還有很多很多人，你們每一位都是我心中的小天使，支持我完成這項挑戰，令我有機會將正能量散播出去。

在整個製作過程中，也發生了不少小考驗和趣事，亦獻出很多的第一次：第一次水底拍攝，第一次參觀韓國化妝品廠，第一次做一些要打針的醫美療程。當然所有療程我都會做足資料搜集，確保所有程序都是經政府衛生部批核過的，再由我親身扮演白老鼠去做試驗，覺得效果好的才寫進書中介紹給讀者。

我知道，寫書並不能賺錢，而且為了取得更好的效果，要付出很高的成本，包括出外景、廠景拍攝的人力物力，還有道具費、交通費。可是，出書是我的一個夢想，既然現在有一個機會去實現夢想，我就要把握，並盡心盡力做好，每一張相片都是從十幾張相片選出來，每一個細節都做到足。

出書過程中，我也學到了很多，包括做人處事，這對我未來的工作也有幫助，例如堅持。而且通過和不同的人合作溝通，我覺得我的耐性變得更好了，因為出書牽涉到很多細節，看起來很簡單，但所花的心力絕不簡單。事事都要親力親為，即使到了後期的宣傳，還是未能放鬆，要繼續堅持努力去配合。

最後，我希望讀者讀這本書的時候，除了接收到我的一些分享，也期望在心靈層面可以幫到讀者，在他們軟弱的時候，可以扶他們一把，為他們加油養成美麗強大的內心。心善則美，多點做做善事，多參與義工活動，除了可以回饋社會，更令我們得到滿足和幸福感，這就是所謂的「施比受更有福」。

雖然，人生途中荊棘滿路，現實中是很多事情需要面對、低頭妥協，但希望大家不忘初心，勇敢去迎接解決，發揮正能量去堅持努力，向着目標一步一步邁進。

「希望在明天！」

ESTABLISHED 1875

亞洲頂級美容化妝權威

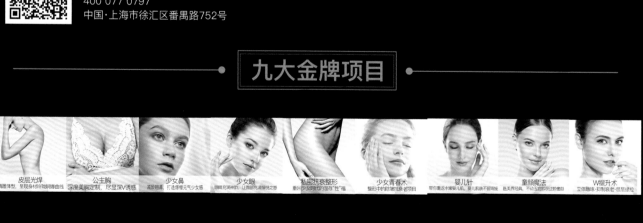

恭賀

羅霖小姐
出版
《羅霖凍齡美魔法》

黃紅
暉鴻發展有限公司董事總經理

熱烈祝賀

羅霖小姐
出版
《羅霖凍齡美魔法》

**富元國際集團有限公司
董事局主席**

祛黃褐斑

Reduce Hyperpigmentation

 葡萄籽提取成分 維生素E+硒 經人體試驗

鳴 謝

藝術總監及攝影（Art Director, Chief Photographer）：Daniel Tam
創作總監（Creative Director）：Agnes Yung，Fanz Ng
副攝影師（Photographer）：Andy Ng
空中瑜伽攝影：關楚耀
Zeta Beauty
王玉環
瑜伽及健身教練：葉奐璋 Mavis Ip

花卉佈置：Donna OnStage

記者會製作 ：
On Stage 大舞臺
Sammy Lo
Jacky Kwan
Spring Lady 高級禮服館
Pier Hotel Hong Kong

Cooktown X Fisher & Paykel kitchen

髮型：Jay Cheung, Hilda Chan
化妝：Peggy Tsui

Oso Rosa

羅霖 凍齡 美魔法

TIMELESS

CANDY LO

作者
羅霖 Candy Lo

策劃
謝妙華

採訪及撰文
胡卿旋

編輯
周宛媚

美術設計
Nora Chung

出版者
萬里機構出版有限公司
香港鰂魚涌英皇道1065號東達中心1305室
電話：2564 7511
傳真：2565 5539
電郵：info@wanlibk.com
網址：http://www.wanlibk.com
　　　http://www.facebook.com/wanlibk

發行者
香港聯合書刊物流有限公司
香港新界大埔汀麗路 36 號
中華商務印刷大廈 3 字樓
電話：2150 2100
傳真：2407 3062
電郵：info@suplogistics.com.hk

承印者
中華商務彩色印刷有限公司
香港新界大埔汀麗路 36 號

出版日期
二零一九年七月第一次印刷